U0243831

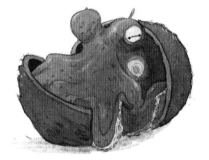

| 万物的秘密 生命 |

动物的智慧

〔法〕弗勒尔·道格 著

〔法〕埃米莉·梵沃森 绘

苏迪 译

人民文学出版社

PEOPLE'S LITERATURE PUBLISHING HOUSE

松鼠

黑猩猩

黑猩猩很机灵！海豚很聪明！
乌鸦很狡猾！

还有谁认为野兽都很愚蠢？
野外生存，随机应变也需要记忆力、智力、创造力和沟通能力。

星鸦

大象

海獭

一些动物会在夏末为冬天储存食物：
星鸦会收集香甜的松子，
松鸦会收集美味的橡子，
松鼠会收集饱满的榛子。

星鸦

它们会将美味藏在树洞里或者地下。
但是饥饿时，
它们如何才能找到那十几处藏宝地点？

幸好，这三种动物的脑袋里都有一张精确的地图。
它们拥有超强的记忆力！

松鸦

松鼠

倭黑猩猩

灵长类动物生病时，无须医生就知道如何治疗。
如果肚子痛，倭黑猩猩、黑猩猩和长臂猿会采集长满绒毛的树叶，
然后，直接将树叶一口吞下！
这些树叶会清洗它们的肠胃。

蚊子很烦人？
为了驱赶蚊虫，卷尾猴会用柠檬涂抹身体。
哦，好多了！

长臂猿

黑猩猩既聪明又温顺，还懂得如何照料同类。

发怒时，它们也会打架。

但很快，两只生气的黑猩猩就会互相拥抱、亲吻。它们和解了！

黑猩猩

亚洲象也时常照顾同类。

如果某头大象因蛇或狗而受惊，

它的同伴就会前来用鼻子抚摸它的脸，

同时还会发出一些响声，就好像在说："别担心，没事了。"

狗

当心！当心！
前方有珊瑚、海胆和利石！
海豚的嘴称为"吻"，
在快速游动时，很容易被尖利的物体擦破、刺破、划破。

海豚

在澳洲，有些雌海豚想出了一个高招：
它们将海绵叼在吻的前端，
这就好像园丁为了不被荆棘刺伤而戴上了手套。

赶出藏匿的小鱼之后，
它们会丢下海绵大快朵颐，
然后，又会重新戴上它们的"吻套"。

章鱼

一只章鱼正在多沙的印度洋海底散步。
它在水下不停地扭动着前行时，
还随身携带着两个半块的椰子壳。

注意，来了一头海豹！
就好像鲨鱼、海豚一样，海豹也会吃它……

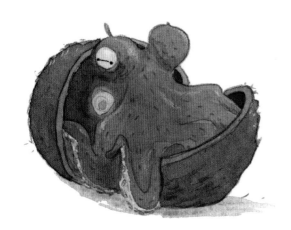

海豹

它马上蜷曲身体，缩进了半块椰子壳里。

对没有骨头的它来说，这很容易！

嘿！它合上了另外半个椰子壳，就好像躲进了一个盒子里。

海豹从上方游过，并没有发现它！

只看到了……一个椰子。

亚洲象高大威猛，
但是有一种小动物却让它们抓狂。
是什么？苍蝇！
苍蝇叮咬它们的屁股，搔弄它们的鼻子，
冲撞它们的眼睛。

于是亚洲象扯下一根长满叶子的树枝，
把它截成合适的长度。
完成了！它们发明了苍蝇拍。

啪！一只海獭潜入了阿拉斯加的冰水里。

它想要寻找蛤蜊、海蟹、海胆……

以及一块扁平的大石头。

采购完毕，它浮出水面，躺平，
然后把石头放在了它的肚子上。
它在这块临时砧板上用力敲打大蛤蜊。

贝壳终于被它打开了。
海獭一边咀嚼着已经开口的贝壳，一边警戒四方。
然后，它带着石头再次潜入水中，寻找新的猎物！

海獭

生活在非洲的黑猩猩喜欢享用多汁的白蚁，
可这种昆虫躲在坚实的城堡里：
蚁穴的高墙非常坚硬，
根本无法打碎。怎么办？

一只雌黑猩猩嘴里衔着两截树枝，
悄悄地来到蚁穴前，
在土墙最薄的地方挖了一个洞，
然后用力搅动。
很快，它可以轻松地将那根细树枝
伸了进去……
三只白蚁爬上了树枝，
母黑猩猩立刻将它们一口吞下！

树枝、石头、椰子壳、海绵——
毫无疑问，动物一直都在使用
这些取自自然的工具。

还有更惊人的……

日本某个城市里有一只乌鸦，
它找到了一只大核桃。
它用嘴不断地啄它、咬它、晃动它，但都无济于事。
它的力气不足以将核桃打开。
于是，它想到了人类的工具。

乌鸦

它待在电线上，将那颗珍贵的核桃扔到了马路上……
汽车轮胎从核桃上碾过……咔嚓，核桃碎了！

然后，等到绿灯亮起时，它才飞去衔起了核桃！
它何时掌握了这种技能？没有科学家知晓。

但科学家却目睹了一只名叫阿芋的狝猴的成长。
这只狝猴住在一座日本小岛上，
为了研究它和它的同伴，
研究人员经常在沙滩上向它们投掷山芋。

狝猴

真好吃！但阿芋遇到了一个难题……

山芋上面全是沙子，会硌牙，呸！

一天，它想到了一个办法……它来到海边清洗这种食物。

从那以后，阿芋和它的亲戚

只吃干净、有咸味的山芋！

足智多谋的家伙并非只生活在野外，
这只猩猩住在动物园里，但它讨厌笼子和围墙！

它在嘴里藏了一根钢丝，
　　一旦饲养员转身，
　　　　它就会抬起门……将手伸出去……
　　　　　　打开门闩！

猩猩

为了在大象园的树上荡秋千，
这只猩猩和它的亲戚现在经常外逃！

绿猴

动物不会讲话，
但仍然可以表达很多东西。

非洲的绿猴会用
不同的叫声向同伴发出警报：

"当心，豹子上树了！"
猴群就会飞速地爬到高处。
"当心，地上有蛇！"
猴群就会站起来观察四周。

鹰

"当心，天上有老鹰！"
猴群就会下树躲进灌木丛。

黑猩猩无法说话，但其中一些，比如一只名叫华秀的雌性黑猩猩，
懂得聋哑人的手语。

一些美国研究人员教会了它。

它能够表达痛苦和快乐。为了得到橙汁，它会做出与"水"和"橘色"
对应的手势。更有意思的是，华秀还教会了它的儿子路易斯手语！

鹦鹉

还有一种能够说话的动物。是的，鹦鹉。

艾利克斯是一只非洲灰鹦鹉，
它的表达能力与一个5岁的孩子差不多：
它认识150个词汇，可以从1数到6，认识7种颜色！

如果它说"我要葡萄"，我们却给了它香蕉，
它就会吐出嘴里的香蕉并且抗议：
"我要葡萄！"

动物的智慧

我们一直以为动物像机器一样没有感情和智力，仅仅受本能的驱使。

但是最新的动物心理学和动物行为学研究证实，智慧生物远比我们想象的复杂。

什么是智力？即便人类的智力也很难定义。事实上，我们有各种不同的智力：语言能力、感情能力、实践能力、空间能力……我们认为，动物的智力是一种为了适应新环境而学习和发明创造的行为能力。

1925年，我们在动物园里的一群黑猩猩身上做了最早的实验。研究人员将一只香蕉挂在笼子高处，黑猩猩伸手、攀爬、跳跃都无法够着，然后，他们又在黑猩猩身边放了一只箱子。黑猩猩最初尝试通过跳跃抓住香蕉，发现没用之后，它们将箱子挪到了香蕉下方，最终，它们从箱子上跳起拿到了香蕉。这为何是智力的表现？因为黑猩猩必须通过思考才能解决问题。首先，它们确立了目标：拿香蕉。然后，它们放弃了无效的方案：跳跃。接着，它们学会了利用箱子减少它们与香蕉的距离，最终抓住了香蕉。这是一项真正的智力考验！

黑猩猩和其他大猴子还会在自然界中寻找工具：用树杈捕捉躲在树洞里的小型哺乳动物，用嚼烂的树叶收集水分，用树枝掏白蚁，用石头和骨头砸碎果壳……

不止灵长类动物拥有智力，鸟类，尤其是乌鸦也能制造复杂的工具。新喀里多尼亚的乌鸦为了捕捉昆虫，甚至制作了钩子。鲸类、大量其他哺乳动物和章鱼也都是发明家。

我们一贯以工具运用能力区分人类和动物。但是今天，这一条不再适用。每一项新发现都会加深我们对动物智力的理解。

文化和医学的存在都依靠传播，这一点尤为有趣。我们知道逆戟鲸群拥有不同的口音，就好像会说好几种语言。我们在山雀身上也观察到了这种现象：不同地区的山雀叫声不同。在非洲某些地区，黑猩猩会掏蚁穴；在另一些地区，黑猩猩却没有这项技能。也许，这需要某位动物发明家在某一时刻创新了某种技能，然后再将这一新技能传播出去。就好像故事中的阿芋，正是它最先决定清洗一下它的山芋。

这一领域的每一项新发现都将模糊人类与动物的界限。事实上，为何要竭尽全力区别它们和我们？研究人员证实，我们和它们正在不断贴近。

著作权合同登记：图字 01-2017-6239 号

Fleur Daugey, illustrated by Emilie Vanvolsem

Pas bêtes, les bêtes!

图书在版编目 (CIP) 数据

动物的智慧 / （法）弗勒尔·道格著；（法）埃米莉·
梵沃森绘；苏迪译 . -- 北京：人民文学出版社 , 2017
（2020.12 重印）
　（万物的秘密 . 生命）
　ISBN 978-7-02-012858-7

　Ⅰ . ①动… Ⅱ . ①弗… ②埃… ③苏… Ⅲ . ①动物 -
儿童读物 Ⅳ . ① Q95-49

中国版本图书馆 CIP 数据核字（2017）第 110451 号

责任编辑　甘　慧　尚　飞　杨　芹
装帧设计　高静芳

出版发行　人民文学出版社
社　　　址　北京市朝内大街 166 号
邮政编码　100705
网　　　址　www.rw-cn.com
印　　　制　上海盛通时代印刷有限公司
经　　　销　全国新华书店等
字　　　数　9 千字
开　　　本　850×1168 毫米　　1/16
印　　　张　2.5
版　　　次　2018 年 1 月北京第 1 版
印　　　次　2020 年 12 月第 2 次印刷
书　　　号　978-7-02-012858-7
定　　　价　25.00 元

如有印装质量问题，请与本社图书销售中心调换。电话：010-65233595